spot

LOS GATOS SALVAJES

LOS PUMAS

por Alissa Thielges

AMICUS | AMICUS INK

patas delanteras

patas traseras

Busca estas palabras e imágenes mientras lees.

boca

pelaje

¿Qué es ese gran gato café?

¡Un puma!

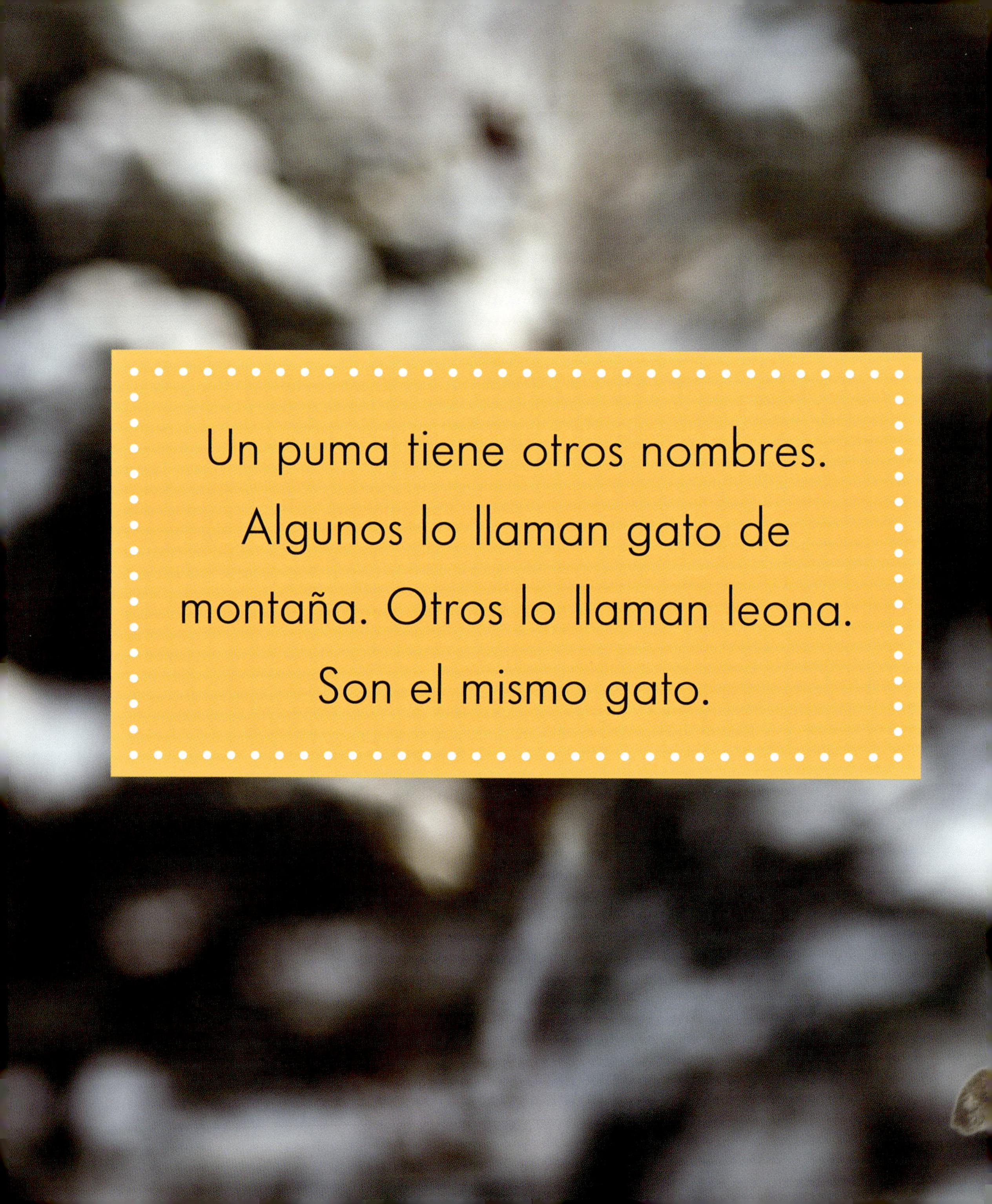

Un puma tiene otros nombres. Algunos lo llaman gato de montaña. Otros lo llaman leona. Son el mismo gato.

¿Ves las patas delanteras?

Son grandes.

Tienen cinco garras.

patas delanteras

patas traseras

¿Ves las patas traseras?
El gato trepa árboles y rocas.
Salta para atrapar ciervos.

¿Ves la boca?

Los pumas no rugen.

Gruñen, ronronean y pían.

boca

pelaje

¿Ves el pelaje? Es denso. Los pumas se mantienen calentitos.

Las crías de pumas tienen manchas. Juegan en la nieve.

patas delanteras

patas traseras

¿Lo encontraste?

boca

pelaje

Spot

Spot es una publicación de Amicus y Amicus Ink
P.O. Box 1329, Mankato, MN 56002
www.amicuspublishing.us

Library of Congress Cataloging-in-Publication Data
Names: Thielges, Alissa, 1995- author.
Title: Los pumas / by Alissa Thielges.
Other titles: Cougars. Spanish
Description: Mankato, MN : Amicus/Amicus Ink, [2021] | Series: Spot gatos salvajes | Audience: Ages 4-7 | Audience: Grades K-1
Identifiers: LCCN 2019050276 (print) | LCCN 2019050277 (ebook) | ISBN 9781645491811 (library binding) | ISBN 9781681527109 (paperback) | ISBN 9781645492078 (pdf)
Subjects: LCSH: Puma—Juvenile literature.
Classification: LCC QL737.C23 T47353418 2021 (print) | LCC QL737.C23 (ebook) | DDC 599.75/24—dc23
LC record available at https://lccn.loc.gov/2019050276

Impreso en los Estados Unidos de America

HC 10 9 8 7 6 5 4 3 2 1
PB 10 9 8 7 6 5 4 3 2 1

Gillia Olson, editora
Deb Miner, diseñadora de la serie
Ciara Beitlich, diseñadora de libro & investigación fotográfica

Créditos de las imágenes: Minden/Konrad Wothe cover, 16; iStock/GlobalP 1; Shutterstock/Geoffrey Kuchera 3; iStock/Evgeny555 4–5; Getty/Straublund Photography 6–7; Alamy/Vince Burton 8–9; Shutterstock/Ultrashock 10–11; iStock/Evgeny555 12–13; Age Fotostock/Kevin Schafer 14–15